小学生宇宙与航天知识自主读本 6-10岁适读

宇宙我知道 外太阳系

景海荣　著
庄国京　审定

U0221124

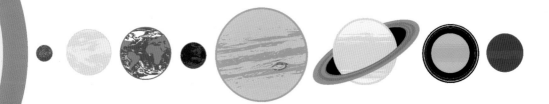

中国宇航出版社

·北京·

目录

土星

（图源：NASA）

木星

Jupiter

　　木星是太阳系的行星之王，无论是体积还是质量，都是行星之最。木星质量约是地球的318倍，是太阳系其他行星质量总和的2.5倍。如果把木星看作一个气球，那么约1 321个地球才能填满它。木星以其强大的引力影响着周围的天体，它与火星之间的小行星带可能就是由于它和太阳引力的拉扯而形成的。2019年2月12日，美国宇航局朱诺号探测器拍摄到了这张惊人的木星照片，可以看到木星标志性的"大红斑"。木星大红斑已经存在了几百年，是一个连地球都无法填满的巨大风暴旋涡。

（图源：NASA）

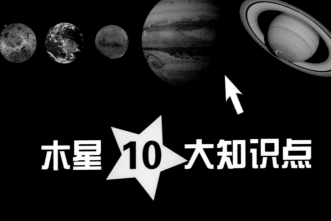

木星 10 大知识点

1. 木星到太阳的平均距离约为 7.78 亿千米，相当于 5.2 个天文单位。1 天文单位就是地球和太阳的平均距离，约为 1.49 亿千米。

2. 木星是太阳系最大的行星，赤道直径的宽度相当于 11 个地球并列排成一线。

地球

木星

3. 木星日短年长，一天只相当于地球上的 10 个小时，一年却相当于 12 个地球年。

4. 木星的大红斑每 6 个地球日按逆时针方向旋转一周。

5. 木星的大气主要由氢和氦构成。

6. 如果你驾驶飞船来到木星表面，会发现天空中到处都是"月亮"，因为木星有 79 颗卫星。

木卫一

未来还可能发现新的木星卫星，小读者，等你长大了也来帮忙找一找吧！

7. 1979 年，旅行者 1 号发现木星周围有一道暗淡的光环。

8. 木星上也有极光，下图是哈勃太空望远镜拍摄到的木星北极光。

9. 木星上没有发现生命的迹象，木卫二等卫星冰冻的外壳下有海洋，表面有含氧的稀薄大气，可能支持生命的存在。

10. 到目前为止，有 9 颗探测器访问过木星，除了伽利略号和朱诺号环绕木星探测，其他 7 颗都是掠过顺访。

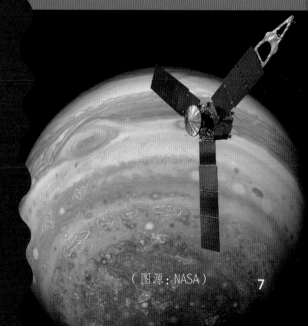

（图源：NASA）

木星云层之上

2011 年 8 月，朱诺号探测器从地球出发了。它努力地飞行了近 5 年，才抵达木星。从那时起，朱诺号开始任劳任怨地环绕木星进行探测工作，每年绕着木星运行 33 圈！朱诺号不仅发现了很多木星的秘密，比如它的大肚子里有哪些气体？同时，也拍摄了很多漂亮的照片。从这些照片中，我们可以清晰地看到木星色彩斑斓的云层。

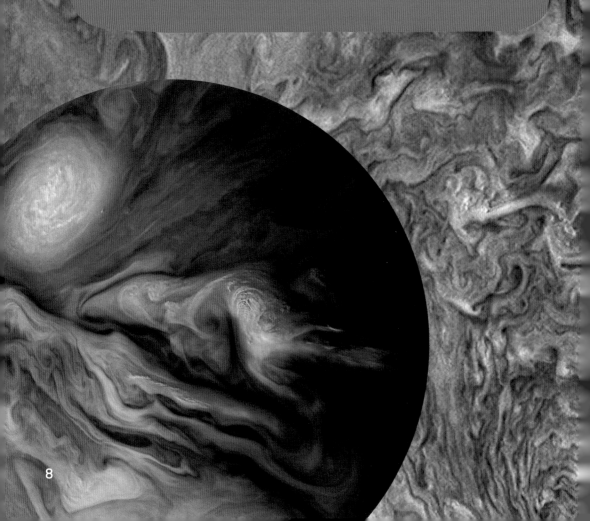

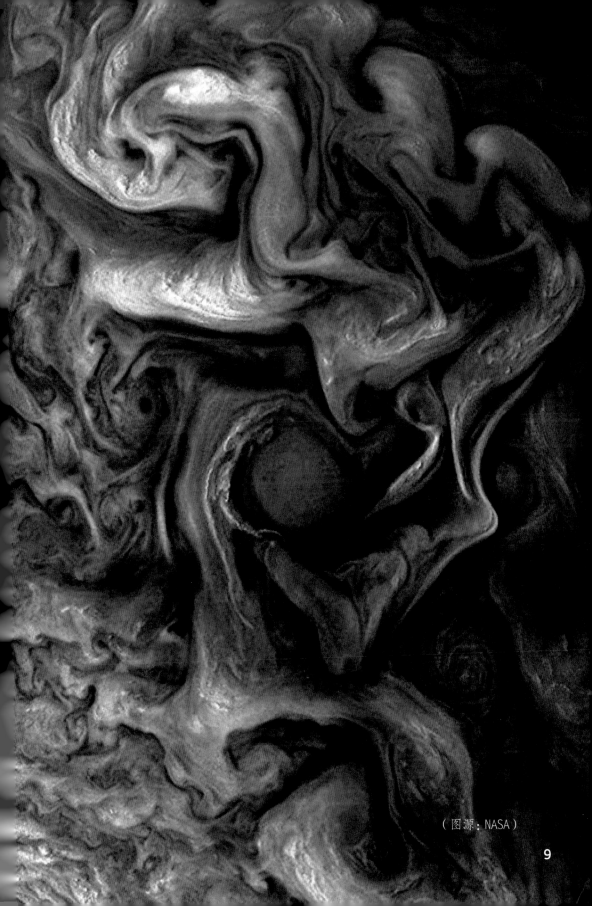

（图源：NASA）

木卫二欧罗巴

　　目前已探明，木卫二冰封的表面下存在温泉，经常喷射水和有机质。在太阳系中，木卫二可能是最有希望发现外星生命的地方。为了更详细地了解木卫二，美国宇航局计划在 2024年发射欧罗巴快帆号探测器，开展新一轮的木星探测。欧罗巴

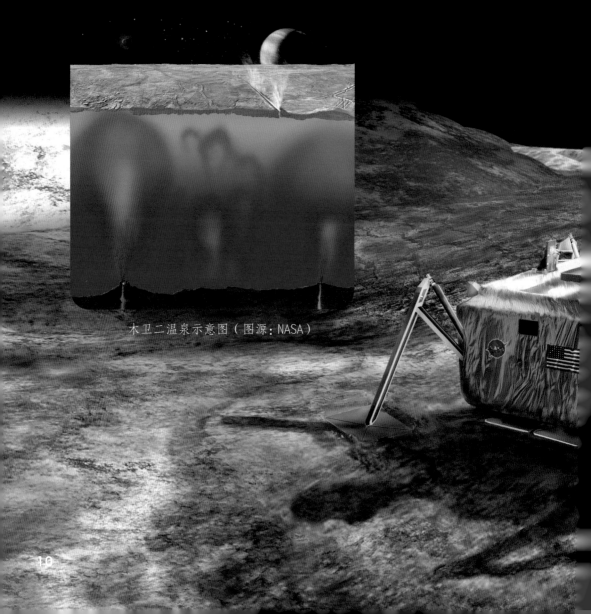

木卫二温泉示意图（图源：NASA）

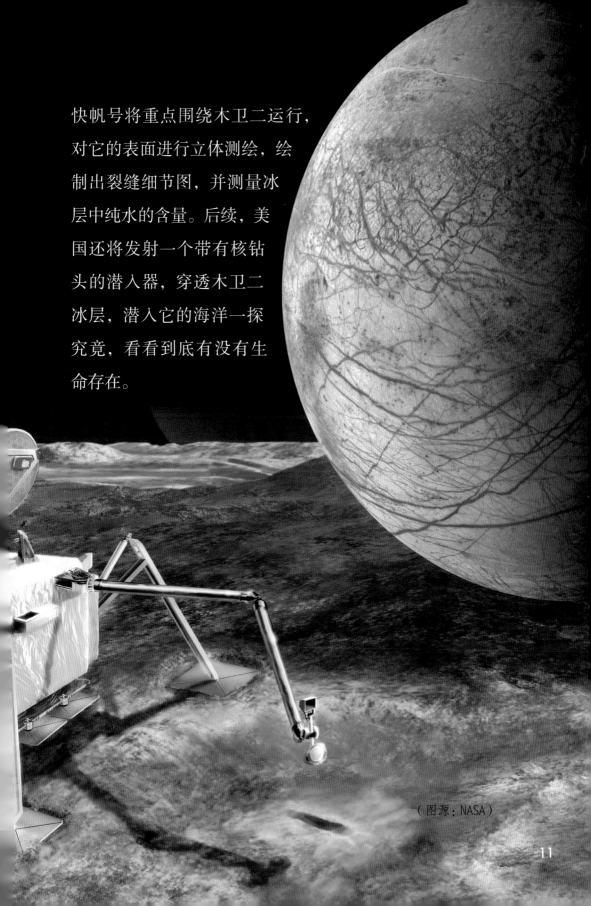

快帆号将重点围绕木卫二运行，对它的表面进行立体测绘，绘制出裂缝细节图，并测量冰层中纯水的含量。后续，美国还将发射一个带有核钻头的潜入器，穿透木卫二冰层，潜入它的海洋一探究竟，看看到底有没有生命存在。

（图源：NASA）

土星

Saturn

　　土星是太阳系的第二大行星，质量是地球的 95 倍，可以装下 764 个地球。土星的密度比水还低，如果把八大行星放到一个大水池里，只有土星会浮在水面。土星最显著的特征是令人叹为观止的土星环，因此也被誉为"太阳系中的宝石"。1610 年，伽利略用望远镜首次捕捉到了土星环。直到 2004 年卡西尼探测器进入土星轨道，才揭示了土星环的真相。它发现，土星环是由数十亿块岩石和冰构成的，大小从一粒沙子到一座房子那么大不等。如果把土星比作篮球，相比之下，光环的厚度只有人类头发直径的 1/250 左右。

（图源：NASA）

土星 10 大知识点

1. 土星与太阳的平均距离为 14 亿千米，相当于 9.6 个天文单位。

比木星到太阳的距离远多少天文单位？

地球

土星

2. 不算土星环的话，9 个地球并排一线正好填满土星直径。

3. 土星也是日短年长，一天相当于地球上的 10 小时 39 分钟，一年相当于 29 个地球年。

4. 土星是一颗气态巨行星，没有类似地球的固体表面，可能有固体内核。

8. 土星大气层主要由氢和氦构成。

9. 土星没有生命的迹象，土星的一些卫星比如土卫六可能支持生命的存在。

5. 土星的光环是由众多小环，以及小环之间的巨大空隙构成的。

10. 2004~2017年，卡西尼号探测器环绕土星运行了294圈，圆满完成探测任务后飞进土星大气，烧成了灰烬。

6. 土星已经确认的天然卫星有82颗。

7. 土星表面有许多巨大的风暴。

（图源：NASA）

神秘的"大六角"

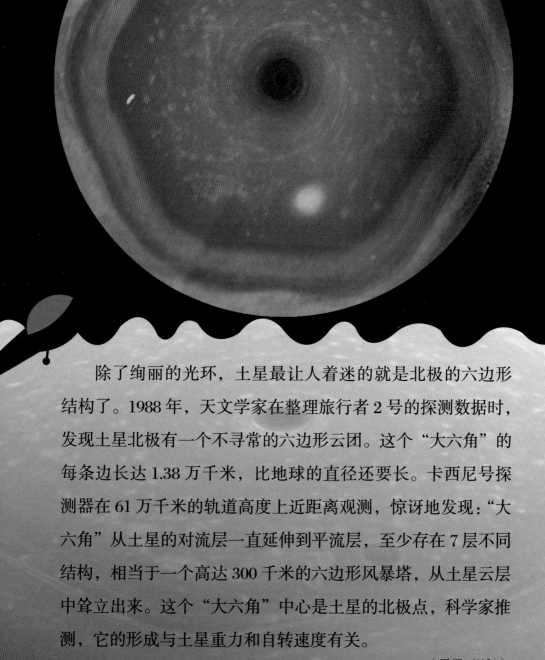

　　除了绚丽的光环，土星最让人着迷的就是北极的六边形结构了。1988年，天文学家在整理旅行者2号的探测数据时，发现土星北极有一个不寻常的六边形云团。这个"大六角"的每条边长达1.38万千米，比地球的直径还要长。卡西尼号探测器在61万千米的轨道高度上近距离观测，惊讶地发现："大六角"从土星的对流层一直延伸到平流层，至少存在7层不同结构，相当于一个高达300千米的六边形风暴塔，从土星云层中耸立出来。这个"大六角"中心是土星的北极点，科学家推测，它的形成与土星重力和自转速度有关。

（图源：NASA）

可能存在生命的土星卫星

土卫

土卫四

土卫二

　　卡西尼号的观测结果表明，在土卫二、土卫四和土卫六冰冷的外壳下，都存在液态海洋，满足一些生命生存需要的条件。土卫二冰层下面有一个咸水海洋，炽热的海底熔岩使充满矿物质的热水不停流动，并从冰缝中以1 300千米/小时的速度向太空喷射液态水。这种情况很像在地球海洋底部发现的"黑烟囱"和"白烟囱"，那里存在着大量生命群落。土卫四的冰层虽然厚达100千米，但根据卡西尼号的重力测量，厚厚的冰壳下也有大量液态水。而在土卫六浓密的橙色大气层中，科学家发现了丰富的有机化合物。

（图源：NASA）

天王星

Uranus

  天王星是太阳系从内向外的第七颗行星。1781 年 3 月 13 日，威廉·赫歇尔在自家庭院中用望远镜发现了它。由于比较暗淡，最初被他当成了一颗彗星。天王星最显著的特征是，自转轴倾斜度为 97.77 度，在始终保持两极中的一极面对着太阳的情况下自转，也就是说，躺着自转。这使得天王星的季节变化完全不同于其他行星，在 84 年的公转周期中，两极地区有约 42 年的时间始终是极昼或极夜。天王星是太阳系内最冷的行星，最低温度仅为 -224 ℃，它和海王星一起被称为"冰巨星"。

（图源：NASA）

天王星 ⭐10⭐ 大知识点

1. 天王星直径 50 724 千米，体积在太阳系中排名第三，质量排名第四。

地球
天王星

2. 天王星与太阳的平均距离约为 29 亿千米，相当于 19.22 个天文单位。

3. 天王星日短年长，一天相当于地球上的 17 个小时，一年相当于 84 个地球年。

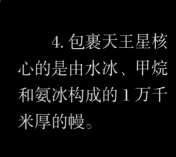

4. 包裹天王星核心的是由水冰、甲烷和氨冰构成的 1 万千米厚的幔。

5. 天王星有 13 道已知的光环，内环又窄又暗，外环色彩明亮。上图是詹姆斯·韦布太空望远镜在 2022 年拍摄的天王星，图中可以看到它的光环和卫星。

6. 天王星有 27 颗已知的卫星。

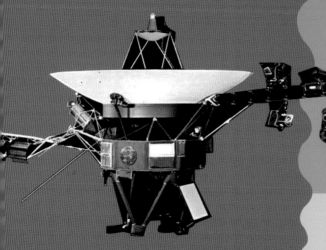

7. 天王星的大气层主要由氢气（约 83%）和氦气（约 15%）组成，还有少量的甲烷。

8. 旅行者 2 号是唯一顺路飞过天王星的探测器。迄今为止，还没有探测器围绕天王星进行过长时间的近距离研究。

9. 天王星上没有发现生命的迹象。

10. 和金星一样，天王星也从东向西自转。

（图源：NASA）

海王星

Neptune

　　海王星是太阳系中离我们最远的行星，它与太阳的距离是日地距离的30.1倍。跟天王星一样，海王星也是一颗冰巨星，它的大部分物质是由水冰、甲烷和氨冰混合而成的"浓汤"。海王星最大的特色是它的蔚蓝色光芒。这是因为，它的大气中含有2%的甲烷，这种气体能吸收红橙光而反射蓝色光。旅行者2号从距离海王星4 827千米的地方掠过，拍摄了6 000多张海王星的照片，通过这些照片，天文学家发现海王星存在风暴区，也拥有磁场和辐射带，还发现海王星上有美丽的极光。

（图源：NASA）

海王星 10 大知识点

1. 海王星与太阳的平均距离约为 30.1 个天文单位。

比天王星到太阳的距离远多少天文单位？

地球
海王星

2. 海王星半径大约是地球半径的 4 倍，如果把地球比作一个大苹果，海王星大小则如同篮球。

海王星是 1846 年发现的，在被发现后，它已经公转了几圈？

3. 海王星的一天相当于地球上的 16 个小时，一年长达 165 个地球年。

4. 海王星上有时会出现大块暗斑，那是巨大的风暴旋涡，可能会比地球还大。不过，和木星的大红斑不同，海王星的暗斑并不稳定，会消失又出现。

5. 海王星已知有 14 颗卫星，上图是海王星与海卫一的合影。

6. 海王星的大气主要由氢气、氦气和甲烷组成。

7. 因为离太阳很远，海王星从太阳得到的热量很少，大气层顶端温度只有 –218℃。

8. 旅行者 2 号是迄今唯一飞越过海王星的探测器。

9. 目前没有发现海王星具备存在生命的条件。

10. 其实，海王星也有光环，只是非常不显眼。

（图源：NASA）

海王星比天王星稍微小一点，它们俩可真像！

矮行星

　　冥王星曾经是太阳系第九大行星，后来被确定为矮行星。2006年国际天文联合会对矮行星进行了定义：矮行星体积介于行星与小行星之间，围绕着恒星旋转，具有行星级质量，但没有清空轨道上的其他天体，同时又不是行星的卫星。这个定义充分体现了矮行星与行星、小行星、卫星的不同。根据这个定义，目前明确确定的矮行星有5颗，按照从大到小的顺序，分别为：冥王星、阋神星、鸟神星、妊神星、谷神星。

　　2015年7月14日，新视野号探测器首次拍摄了冥王星及其卫星的近距离图像，并收集了其他数据，这些数据改变了我们对太阳系边缘这一神秘世界的认识。冥王星有五颗卫星，其中最大的是冥卫一，它和冥王星像双星一样绕着对方运行。

（图源：NASA）

彗星

　　彗星是太阳系形成过程中由尘埃、岩石和冰形成的冷冻残留物。它们的直径大多从几千米到几十千米不等，也像行星和小行星一样围绕太阳运行，只是彗星的轨道通常很长。当一颗彗星靠近太阳时，它会升温，并喷出尘埃和气体，形成一个明亮的发光头部。同时，在阳光的照射下，尘埃和气体还会形成一条绵延数百万千米的尾巴。

　　左图是哈勃望远镜迄今为止发现的最大的彗核，直径大约有 129 千米，体积是大多数普通彗核的 50 多倍，质量比它们大 10 万倍，公转周期为 300 万年。

（图源：NASA）

这些问题的答案都在书里哦!

航天迷 问不倒

1. 太阳系中最大的行星是哪颗?

2. 木星上的大红斑其实是什么?

3. 土星的大光环是由什么构成的?

4. 太阳系中哪颗行星的卫星最多?

5. 太阳系中哪两颗行星没有卫星?

6. 海王星为什么是蓝色的?

7. 哪颗行星是躺着自转的?

8. 外太阳系的4颗行星都有光环,对吗?

9. 目前明确确定的矮行星有几颗?

10. 彗星是由什么构成的?